熊猫萌兰
PANDA MENGLAN

宋林 著   周孟棋 曾祥录 摄影

四川人民出版社

萌 兰

雄性大熊猫
2015 年 7 月 4 日出生
谱系号 954
头大脸圆，外表英俊，智商超群，聪明活泼，
喜欢探索新奇事物，还爱解锁各种玩具。

2022 年 2 月 13 日　曾祥录 / 摄

三首歌和一个心愿

（代序）

2017 年 9 月 21 日，一辆车牌号为"川A·S3Y82"的皮卡从成都大熊猫繁育研究基地（以下简称"成都熊猫基地"）缓缓驶出，向成都双流国际机场疾驰而去。车载蒙有遮光布的铁笼里是 2 岁多的大熊猫萌兰，有北京户口的他将回北京动物园（以下简称"北动"），开启以"西直门三太子"名扬江湖的"京城少爷"新生活。

"我休息你就走了啊，一路平安，我的乖么么儿……Miss U，Love U。"成都熊猫基地"发箍奶爸"张粤当天微博发文，翻阅他们之间人熊情深的图片、视频，配乐往往是柯柯柯啊那首《雾海寻你》。辞别再无相见日，终是一人度春秋。当天休假的张粤不忍相送，今宵路寒难再相见，转身却是泪水潸然，这似水流年思念如马，自别离，从未停蹄。

在一切变好之前，总要经历一段无人问津的岁月。数九寒天玻璃窗霜冻，萌兰找一尚未被冰花覆盖严实处，歪着脑袋露出眼睛回应游客；盛夏酷热难耐，萌兰听到点名仍要喘着粗气跑来隔窗互动，从不让来看他的游客失望。今日拥有无数粉丝的"西直门三太子"，正如南方凯在《奋跃而上》中所唱："舞台正中央，澎湃着热爱永不散场。"

自己淋过雨，总想为别人撑把伞。幼时吃过"百家饭"，重病上过手术台，但萌兰从不吝啬分享食物，性格乐观坚强。这世间所有的美好不分种族总能产生通感，萌兰身上所迸发出的善良阳光、不屈向上、热情开朗，无一不呼应着我们向往的品行品格，他强大的治愈力，激发出人们的价值潜能。萌兰专属的BGM(背景音乐)《阳光开朗大男孩》实在是太燃太贴切了。

书写萌兰，因情或感几近随笔落泪。一个心愿是：待秋凉再去北动，运气好能和萌兰隔窗暖心贴贴，但必须早排队，跑得快。

目前熊猫界有三大"顶流"，按女士优先原则出场——

"女明星"花花："爷爷，我来了。"迈着优雅小碎步脸动式。

"财阀公主"福宝："我来了，爷爷呢？"翻个跟头耳动式。

"西直门三太子"萌兰："爷爷我，来了！"尘土飞扬地动式。

既然来了，请翻开这本书吧……

2023 年 3 月 17 日　曾祥录 / 摄

目 录

01 第一章
PANDA MENGLAN

不是一家人，不进一家门

深情对望

愿所有的美好和期待都能如约而至，
愿你的眼里有光，心里有爱。

　　大熊猫"北京美妞"萌萌（谱系号 652）和"海归帅哥"
美兰（谱系号 649）在 2015 年春季某日于成都大熊猫繁
育研究基地（以下简称"成都熊猫基地"）第一次隔笼
相见时深情对望……距离产生美，因彼此成长环境的巨
大差异性所带来的新鲜与陌生感，让她与他四目对望间，
心生爱意。大熊猫能找到心仪对象十分不易，一见钟情
始于颜值，但要想真正能共赴爱河，还必须逐渐了解对
方的体形、气味、性格、行为等特征。

　　熊猫界流传着"南思嘉，北二胖"之说，2006 年 9
月 13 日出生于中国大熊猫保护研究中心核桃坪野化培训

▲ 萌萌

2023 年 3 月 16 日 曾祥录 / 摄

▲ 思嘉

2020 年 8 月 12 日　曾祥录 / 摄

基地，初生体重 123.6 克的萌萌就是"北二胖"，她与目前生活在哈尔滨亚布力熊猫馆的思嘉（谱系号 634）被认为是熊猫界两大标杆性美女。2007 年 12 月 7 日，有北京户口的萌萌回北京动物园（以下简称"北动"）定居，她毛发白皙、身材圆润、擅长爬树，因参演过纪录片《老故事：熊猫大使出访记》、电影《爱情呼叫转移 2》《熊猫回家路》等被誉为"北动影后"。"孤儿卢娃子偶遇一只与母亲失散的幼小熊猫，历经波折，终于帮助熊猫回归自然，找到熊猫妈妈……"由萌萌参演的记录卧龙国家级自然保护区震前原生态影片《熊猫回家路》于 2009 年 5 月 8 日上映，观众的第一反应是："影片中那只大熊猫是真的吗？"导演俞钟给予肯定答复。

"白德耀斯"、蓬蓬脸是熊猫界高颜值的表现。"白德耀斯"并非什么艰涩概念，谐音"白得要死"而已，是指大熊猫毛发黑白分明，更有强于常态的光泽亮度；脸盘子毛发蓬松、轮廓圆润是为蓬蓬脸，是大熊猫形体外观最直接的美感体现，若二者能集于一身，那便是天赐的美貌模样。"白德耀斯"、蓬蓬脸创始熊猫冰冰（谱系号 314）就长着一张用圆规画出来似的圆脸，加上浑身黑白分明的蓬松毛发，成为熊猫界"白德耀斯"家族的始祖。这份优良的基因也遗传给了她的后辈儿孙，例如冰冰的二女儿、美兰的妈妈伦伦（谱系号 452），也是"白德耀斯"、蓬蓬脸模样。

同为"白德耀斯"家族成员的大熊猫美兰，2006年9月6日出生在美国亚特兰大动物园，是旅美大熊猫伦伦和洋洋（谱系号461）的第一个宝宝。作为成都熊猫基地与美国亚特兰大动物园开展"大熊猫国际合作繁殖计划"后诞生的第一只大熊猫，经网络投票得名美兰，寓意"亚特兰大之美"。美兰继承了"白德耀斯"家族的全部优点，头圆、蓬蓬脸、毛色黑白分明，特别是其在成长过程中所呈现出的文雅怡静的性情、宛如绅士般的气质，令人喜爱和着迷。

相貌雅致、温润如玉的美兰出生即被判定为雌性，2010年2月，被称为"大姐"的"她"回到成都熊猫基地后不久便被安排"网络相亲"，科比（谱系号386）、乐山（谱系号627）、乐水（谱系号628）、雄浜（谱系号540）、隆浜（谱系号573）、勇勇（谱系号584）、珍大（谱系号629）、五一（谱系号630）等8位猛男靓仔都大有来头。虽然这场"网络相亲"并没有取得什么实质性的结果，但是美兰与8位男嘉宾在后来各有各的缘分，比如其中后肢力异常强大的勇勇正是萌萌的第一任丈夫。

世事无常，悲喜乌龙，在成都熊猫基地生活一段时

2023 年 2 月 22 日　曾祥录 / 摄

美兰 ▶

2023 年 5 月 6 日　曾祥录 / 摄

萌兰 ▶

2016 年 5 月 10 日　周孟棋 / 摄

间后，美兰意外出现了一系列雄性大熊猫性成熟期反应，再体检却发现貌美如花的"她"居然是"他"，一时令众人哗然。性别纠正后，帅哥美兰自此一发不可收拾，接连有了奇福（谱系号 709）、萌萌、思缘（谱系号 593）、星雅（谱系号 681）、绩丽（谱系号 671）、成功（谱系号 522）、成大（谱系号 824）等 7 个老婆，先后生了 23 个娃。

隔笼深情对望，萌萌和美兰美美相对、强强联姻，人们都期待着这对美妈帅爸的爱情果实瓜熟蒂落……

母与子

手把手，心贴心。

梅奶妈拿着窝头给萌萌嗅嗅，常规性用食物诱导刚生产的雌性大熊猫，以便换出她怀抱中的幼崽去做各项身体检查。

萌萌不干，抱着自己怀中的宝宝。

再试仍无果，萌萌抱得更紧。

梅奶妈拿出盆盆倒入奶，这几乎是大熊猫无法抵抗的美食诱惑，萌萌使劲嗅嗅，有些动心了，但仍不肯交出宝宝。

梅奶妈边倒边说："巴适得很哦。"

2016 年 5 月 10 日　周孟棋／摄

终于，萌萌缓缓起身，左后腿还专门抬高生怕踩到宝宝，向盆盆奶走去。

趁"牛奶换崽"成功的瞬间，梅奶妈用宛如拖把式样的特制工具迅速将地上的熊猫幼崽勾到栏杆内近处，随后伸手抱出，动作娴熟，一看就是熟手。

2015 年 7 月 3 日，成都熊猫基地工作人员注意到萌萌出现临产反应，24 小时轮流守护。次日下午 5 点 55 分，她第一次破羊水，当晚 10 点 13 分，一只雄性幼崽呱呱落地。

大熊猫是母系社会，孩子随妈姓，美妈萌萌、帅爸美兰各取名字其中一个字，这个出生就带有微笑唇还宛如一只粉嫩肉色大老鼠的胖小子，有了个类似姑娘般秀雅的名字——萌兰。这一年，成都熊猫基地迎来 13 只新生熊猫宝宝，其中有 6 对双胞胎，萌兰是唯一的独生子。抱上秤一称，179.8 克，单胎幼崽是要比大熊猫出生的平均重量 150 克略重些。

"星二代"萌兰一出生就在聚光灯下，斗转星移，日月更迭，萌萌、美兰所赋予的优良基因在他成长过程中日渐体现，同样集"白德耀斯"、蓬蓬脸于一身，还带有微笑嘴唇、米奇大耳朵的萌兰宛如公仔般可爱，俘获了太

2016 年 5 月 11 日　周孟棋 / 摄

多喜爱大熊猫的人们的心。萌兰是萌萌唯一的单胎儿子，按顺序也是萌萌和美兰各自的第三个孩子，故小名"萌三"，这也是后来"三太子"名号的由来。为表达对新生熊猫宝宝的爱心和呵护，奶妈还给它取了一个非常窝心的别名"么么儿"，即四川话中"萌萌崽"（萌萌所生幼崽）之意。

体检完，奶妈把萌兰还回来，萌萌一把抱起萌兰，

2016 年 5 月 10 日　周孟棋 / 摄

肥硕的后背还在地上滚了半圈，生怕摔到宝宝。母性极强的她对怀里的儿子那是亲不够、爱不完，生过萌大、萌二（谱系号 894、895）两兄弟的萌萌带娃很有经验，照顾单胎儿子更是得心应手。大熊猫母亲唾液中含有可以保护幼崽皮肤的微量元素，萌萌不停地舔舐，为萌兰梳理刚刚冒出的疏浅绒毛。这一大一小玩偶般的熊猫就这样抱着摇着哄着，一到夜里萌萌总要将怀里的萌兰轻轻摇晃，像极了人类母亲用自己的臂弯当摇床，哄孩子入睡后方能安心。

　　妈妈的呵护，让萌兰快乐苗壮地成长。5 天后，萌兰

胖嘟嘟的躯体上浅白色绒毛增多，他试图用前肢支撑起身体挪动；不到 2 周就逐渐褪去老鼠样，淡黑色肩带慢慢显露，开始有个"熊样子"。2015 年 7 月 17 日，萌兰蒙眬间睁开双眼，第一次看到妈妈的模样。满月时再上秤，这个已然毛发黑白分明的胖小子体重达 1374.1 克。稍大点的熊猫宝宝都要回到温暖厚实的育幼木床上睡觉，同期出生的熊猫宝宝都在趴着酣睡，唯独萌兰四仰八叉地躺着，醒来就不断通过左右大幅摇摆肢体试图站起身来，这看似简单的动作不断增强着他全身的肌体力量，可见活泼好动是他的天性。

2016 年 5 月 11 日　周孟棋 / 摄

2015 年 10 月 12 日，满百天的萌兰已经出落成一个清秀翩翩美少年。在一则短视频中，解说员以萌兰的口吻做旁白，磁性男中音显然有些亢奋："萌兰我还在妈妈肚子里就是大明星了，身为圈养的'领军熊物'，光辉事迹掰着熊爪子都数不过来。2016 年，发箍奶爸带着才 1 岁多的我上了湖南卫视综艺节目《我们来了》，陈乔恩姐姐很激动，非要帮助发箍奶爸一起抱我，我一不小心照了下镜子，颜值高得把我自己都惊了一个跟斗……"

做了妈妈的萌萌仍是一脸天真娇憨，为保住自己"二胖"的称号避免身材出现锐角，她每天都努力进食。母性很强的她性格温柔，且宽容有耐心，最喜欢和孩子一起玩耍。有妈的孩子是块宝，在母子俩相处的日子里，白天嬉戏打闹没大没小，但渐渐长大的萌兰特别乖巧懂事，有一次看到妈妈在找笋吃，便主动把自己的笋笋递到萌萌嘴边。别家都是妈妈剥笋给娃吃，他们母子却反过来了，温馨画面令人感慨。

然而，长大后的萌兰却不得不面对自己"熊生"中最撕心裂肺的分离。人类总是按照主观意愿，让动物承担无法言说的苦楚，还有什么比母子被迫分离更大的痛苦呢？在萌萌和萌兰的阵阵哀嚎声中，彼此终生难以再相见，即使多年以后萌萌和她的5个孩子都落户北动。

愿意去设想，童年和妈妈在一起的各种美好片段一定深深刻在萌兰的脑海里，今天同在北动这片天空下，他们母子之间能否感受到彼此想念的气息……

2016 年 5 月 11 日　周孟棋 / 摄

青葱岁月

我们曾经都是孩子，渴望着长大，
等长大后才发现，
还是年少的无忧无虑最让人羡慕。

一口、两口……"江左梅梅"不停亲吻着小萌兰，让爱熊猫的"吃瓜群众"羡慕嫉妒不已。

熊猫江湖有传言，但凡被精通十级熊猫语的江左梅梅亲吻过的熊猫，基本上都是"战五渣"。江左梅梅本名梅燕，因电视剧《琅琊榜》中的角色江左梅郎人尽皆知，被大家爱称为江左梅梅。熊猫宝宝几乎都逃不过这位梅奶妈的热烈亲吻。

少成若天性，习惯成自然。住在成都熊猫基地月亮产房的萌兰特别喜欢和小伙伴们打闹嬉戏，有着"月亮小霸王"这一名不副实的称号,但无论是单打、双打、混合打,基本上都没赢过,哪怕是面对比他小的弟弟妹妹,他也没有胜算。萌兰尤其喜欢啃咬、"熊压"同属于2015级的庆大、庆小(谱系号985、986,2016年经全球征名取名为启启、点点)两兄弟。有一次,他联合庆小去欺负庆大,结果被人家哥俩反手扣在竹筐下。萌兰用实践证明了"江左梅梅传言":"小时了了,大必战五渣。"

虽说闯荡江湖屡战屡败,萌兰却收了个忠实马仔。来自名门望族大熊猫庆庆家族的"颜值担当"庆贺(谱系号537),在2015年9月16日生庆大、庆小时进行了全球直播,这对兄弟还是联合国开发计划署的形象大使,可谓来头不凡。但不知从何时起,那个耳朵长得比较靠后拍照都看不见,配有一张楚楚可怜的委屈脸而甚是惹人怜爱的庆小,成了为萌兰鞍前马后、死心塌地追随萌兰的小弟。萌兰爬窗户练习"越狱",庆小甘当垫脚石;萌兰折腾累了,庆小赶紧按摩;萌兰病了,庆小日夜照顾守护……庆小还经常和萌兰你侬我侬地抱在一起,甚至为追随萌三哥,抛弃了掉在坑里的亲哥庆大,不知情者还以为庆小和萌兰才是亲兄弟。如果说熊猫界哪个当小弟最暖心、最贴心,非庆小莫属。再大些,萌兰转住新的场地,科大、科小姐妹(谱系号947、948,2016年经

全球征名取名为奥林匹亚、福娃），
小雅（谱系号957），乐天派好
性格的萌兰总是能和小伙伴们
打成一片，闹在一起。

爬树是大熊猫的看家本领，
当同期出生的熊猫宝宝刚学会走
路，萌兰就已经开始练习爬树
了。他围着小树跃跃欲试，终究
还是要勇敢地迈出第一步，就像
人类小朋友幼时对新鲜事物充满
好奇初次尝试的模样，有勇气，
但也有些忐忑不安。聪颖的萌兰
甚至还指挥奶爸给自己做引导和
保护。奶爸先是站在他身后，做
好跌落防护的准备，哪晓得萌兰
并不满意如此，哼哼唧唧地回头
示意，奶爸秒懂，换位到树干另
一侧和他相对。果不其然，萌兰
前肢上伸，后腿绷紧，锋利的爪
子抠紧树皮，开始向上攀爬。才
爬了几步，他就把头侧向一边求
表扬，奶爸摸摸他硕大的鼻子以

2016 年 5 月 10 日　周孟棋 / 摄

2016 年 5 月 10 日　周孟棋 / 摄

示鼓励，然后用手在树干上比画出一个新高度。萌兰心领神会，又向上爬一截，还腾出一只爪去触碰奶爸，仿佛在说："看么么儿多能干。"奶爸顺势围绕树干转一圈，让萌兰也跟着从左到右调整好姿势继续攀爬，见他身手如此灵活敏捷，奶爸点点他的鼻子就走开了。在围观游客们的喝彩与鼓励声中，萌兰不仅学会了爬树，还开始了他"熊生"的第一次"营业"。几次过后，萌兰已经可以像成年大熊猫那样很快就爬到树的最高处。乐此不疲的锻炼不断增强着他上肢的力量和浑身的协调能力，这为他后期在树上进行各种表演、秀"一字马"以及成功"越狱"打下了坚实的体能基础。

成都熊猫基地每天最忙的时候是在下午 6 点闭园前，5 点，饲养员就要开始"收猫"了。听话的熊猫宝宝点名就到，顽皮的要么还在草地上打滚玩耍，要么干脆挂在树上充耳不闻甚至呼呼大睡。对此，饲养员们只好"手工采摘"，地上的还好办，而那些在树上高高挂起的熊猫真是令人头疼，"人熊大战"每天都在上演。这天，临近闭园，熊猫思汤圆（谱系号 961，大名思念）任凭奶爸奶妈们在树下如何劝哄，就是在树杈上挂着，无动于衷，即便奶爸踩着木梯上去，他所在的位置也是无法企及的高度。就在奶爸们无计可施时，只见在不远处草地上观望的萌兰气呼呼地跑过来，一边爬树，一边嘴里还叽叽歪歪地嘟囔着，似乎在说："快点下来回窝了，怎么这么不懂事呢？"被打扰了好梦的思汤圆显然有些不满，居然要咬靠近的萌兰。为"收猫"工作大局着想的萌兰硬是没有还手，在底下奶爸们的鼓励下，萌兰终于借势把思汤圆给推下了树，看奶爸接到后，自己才慢慢从树上下来。

这款灵性灵动的"收猫神器"，让奶爸奶妈抱在怀里又亲又爱……

萌兰"保卫战"

这世界我来了，
任凭风暴旋涡……

他疼，趴在水池边失去活力，精神萎靡不振。

他瘦，下颌发炎多日，已经无法正常进食。

天性乐观坚强的萌兰不想让大家看到自己这个样子，他用前肢勉强支撑着身体试图站起来，但喘了几口粗气后终究还是又趴下了，一连数日的病痛折磨得他的身体虚弱不堪。

无数个夜晚，好伙伴庆小看着平日最亲密的三哥如此难受，用舌头不停舔着萌兰红肿发炎的下颌，试图用温热感缓解萌兰的病痛。动物间这纯粹的友谊像极了人类之

2016 年 5 月 10 日　周孟棋 / 摄

间患难见真情的模样。到底是因为长牙换牙还是另有病因，
关爱萌兰的各方接力打响了一场"保卫战"。

　　这一波三折间，成都熊猫基地兽医们那有些悬起的
心稍微放下，随即又提起……2017 年 1 月底，兽医在对
大熊猫进行例行体检时，发现萌兰的下颌骨部出现硬性肿
大，血检指标中白细胞升高，好在触诊没有发热、疼痛等
症状，且他的精神状态和食欲还都比较正常。为进一步了
解病因，成都熊猫基地专门邀请华西口腔医院专家前来会
诊，初步诊断萌兰为下颌骨骨髓炎，专家决定保守治疗，

2016 年 5 月 11 日　周孟棋 / 摄

辅以每周跟踪复查以防病变。而到了5月8日，兽医在跟踪复查时，触诊到萌兰下颌骨硬性肿大部位出现发热与疼痛的现象，并在肿大的下颌皮肤与骨骼之间有一囊性波动灶。经华西口腔医院等权威医疗机构确诊，此为感染性骨髓炎。萌兰是世界上第一只得此病的圈养大熊猫，若不尽快介入手术治疗，或会危及生命安全。

彼时成都熊猫基地官方微博正式发布这一消息，令无数关注萌兰健康问题的人揪心不已。

手术室内弥漫着消毒液、酒精的气味，在无影灯的光照下，1岁多的萌兰正躺在手术台上经历一场严峻的"熊生大考"。锋利的手术刀切开他下颌骨的脓肿部位，清理掉坏死组织，给创口引流，同步清理口腔溃疡性瘘道，还提取坏死组织、下颌骨刮片、脓性分泌物等进行检查。手术顺利完成只是第一步，萌兰还要经过近 10 天的全身抗感染与营养支持治疗，24 小时定时局部伤口处理。5 月 23 日，他的伤口终于完全愈合。但对于萌兰而言，术后管理更为至关重要，为防止萌兰抓挠伤口造成二次感染，成都熊猫基地组织医护队对他进行24 小时轮班精心呵护照料。直至 6 月 27 日，这份凝聚了太多心血和汗水的医疗综合评估报告来了，"萌兰下颌伤口愈合良好，被毛已完全覆盖，未发现二次肿大，血检指标、精神食欲全部恢复正常，粪便量达到同龄大熊猫日平均水平"。令人遗憾的是，萌兰的病症已转化为慢性骨髓炎，无法彻底根治，唯有日后精心照料防止复发。

无法想象是怎样的坚毅和坚韧支撑着萌兰度过骨髓炎手术和那么多天常人难以承受的全身抗感染治疗过程，这个阳光开朗大男孩有着一颗勇敢的心！经历病痛折磨，依旧笑对"熊生"，萌兰的这份坚强和豁达感染着人们。网友"风清月扬"就此跟帖："我也曾患此病，想到无法根治就破罐子破摔了好多年，但看到萌兰这一过往，他的坚强乐观让我更能直面自己的人生，祝福我们都能健康顺心度过余生。"

在奶爸奶妈的精细照顾与陪伴下，萌兰健康开朗，仍如昔日聪明机灵的活泼大男孩。他终于回家了，二号别墅有彼此惦念着的一众发小，特别是庆小，激动地在三哥

2016 年 5 月 17 日　周孟棋 / 摄

身上蹭来蹭去："这么久你去哪儿了？"

　　2017 年 7 月 4 日，成都熊猫基地的熊猫厨房精心制作的一份硕大水果冰蛋糕被缓缓推进二号别墅。这是萌兰有着特别意义的 2 岁生日，是身体康复后的祝贺，也有一份即将离别的祝愿，现场及线上无数热爱、关心萌兰的人们为萌兰送上了生日祝福。

　　快乐分享，期待明天。

2016 年 5 月 10 日　周孟棋 / 摄

太子傅列传

双向奔赴
爱的转移

双向奔赴

"萌兰是 2015 级熊猫宝宝中头最大、脸最圆，也是最调皮捣蛋的一个，特别可爱……"说到激动处，梅奶妈用右手顺势比画了个大圆弧来表达她的喜爱，产房期的萌兰基本都是她在精心照顾。

萌兰的高颜值自不用说，调皮捣蛋前强调的这个"最"字，足见他的一系列行为令人莞尔。夜深时，月亮产房内响起清脆的咬竹声。木床上的几只熊猫宝宝都趴着酣睡，仰面躺着的萌兰却左右摇摆努力坐起，爬向床侧，吃起了本是留给大家当早餐的竹笋。如此几次，导致同床其他熊猫晨起没早饭，于是大家纷纷效仿，一时间便出现深更半夜儿只熊猫宝宝围坐啃竹子的有趣场面。

吃货萌兰喝光盆盆奶后仍不罢休，继续狂舔盆底，甚至在奶妈来收盆时还叼着空盆在树后东躲西藏不肯将其交出。一个有些滑稽的场面是：被抓住后，奶妈奶爸一人一头抬起萌兰回笼的路上，他居然仰面朝天，嘴巴里歪斜咬着"铁饭碗"，还不时发出"嘤嘤嘤"的叫声。

趁奶妈蹲下打扫卫生，他用嘴巴去偷她腰间的钥匙；走路都还不稳当，他就要骑上木马摇摆驾驶；瞄准笼舍锁眼，他可以用力把大门拉上、关起；要想从笼舍两根铁栅栏的间隙钻出去，他知道要先保证大头通过，然后再侧着挪动身躯……如此有趣的灵魂，真是万里挑一。

从产房期升级到幼年园，半岁多的萌兰由奶爸张粤接管。为工作方便，张粤时常用一个黑色发箍把前额的头发向后收拢扎起，因此被称为"发箍奶爸"。萌兰是他接手带的第一只熊猫宝宝。熊猫搂抱饲养员大腿撒娇撒欢是常态，萌兰却要把整个身体贴过来让奶爸熊抱，即便张粤端来熊猫最喜欢的盆盆奶，他都要先在奶爸身上蹭来蹭去，甚至把张粤的发箍给薅下来，一定是先抱后吃。久而久之，张粤和萌兰相处相依至深至浓的人熊情感在时光中窖藏得越发醇厚。在张粤的心里和眼中，萌兰就是自己的"傻儿子"。"那段时间，萌兰几乎占据了我生活的全部，从他十几斤重抱到几十斤重。"采访中，张粤拿出手机，屏保和相册里全是萌兰的照片。

大熊猫发声主要有这么几种，高兴时"咩咩咩"像羊叫，受惊吓时"汪汪汪"像狗叫，还会发出"嘤嘤嘤""嗷嗷嗷""吱吱吱"等叫声。但萌兰像个小人一样和张粤有来有往地一问一答，是发生在张粤抱他回兽舍路上的一段堪称"封神级"的人熊对话。

"胖娃儿。"张粤本是随口一说，他明显感觉到萌兰体重增加了。

"嗯！"萌兰即刻应声作答。

"你都有60多斤重了。"张粤抱着显然有些吃力。

"嗯！"没想到萌兰继续应答。

这让张粤感到十分有趣。他把萌兰放在地上稍作歇息再抱起，抛出问句："你还晓得自己有60多斤了啊？"

"嗯！"萌兰居然再次回应。

2016 年 5 月 10 日　周孟棋 / 摄

2022年7月4日，张粤正和大家一起为生活在成都熊猫基地的"顶流女明星"花花的生日忙活，突然间他摘下眼镜，用右胳膊使劲抹了下眼睛，不知是额头的汗水滴落下来，还是眼眶中瞬间有涌出的泪水。秀气的他面含浅笑，低声喃喃道："今天也是萌兰的生日呢……"多少心头思念与不舍，如今虽然天各一方，但"傻儿子"始终在他的心尖上。张粤在萌兰回北动后把他的头像文在了身上，也把他刻在了心里。

虽然萌兰幼时频繁换过大熊猫干妈和场地，还生过一场大病，但幸运的他遇到了很多有爱心的奶妈奶爸，他乐天坚强的性格，正得益于带他的奶妈奶爸们所给予的无限关爱，梅奶妈、发箍奶爸、谭爷爷、何奶爸、三土奶爸、杨奶妈……和人一样，不幸的童年需要终身去治愈，幸福的童年可以治愈终身。萌兰从与人类的亲密接触中得到了很多爱，可爱的人养出来的动物都可爱。在幸福环境中长大的动物，情商都比较高。

"我在天涯的这端，望海面的波澜，我知道那个方向，有你归来的船。你在海角的那端，听我声声呼唤，随故乡温柔的风，心已渐渐靠岸……"

2023 年 2 月 3 日

曾祥录 / 摄

爱的转移

爱不会消失，但会转移。

就要道别了，两个男人宽厚的手掌握了再握……

送萌兰返京的是成都熊猫基地的何奶爸，2017 年 1 月至 9 月，照顾萌兰最长一段时间的人就是他，那时萌兰已是近百斤的大熊猫，人类不能轻易近其身。在萌兰生病还没有上手术台治疗前，他无法吃日常配给的竹子、竹笋，何奶爸就利用休息日去砍竹叶给萌兰投喂。

来接萌兰回京的是北动的饲养员李常青，为培养感情，李奶爸提前一个月来到成都熊猫基地，逐渐接手萌兰的日常生活。李常青身形壮硕，外号"老胖"，圈内人都

2017 年 12 月 29 日　曾祥录 / 摄

2018 年 11 月 17 日　曾祥录 / 摄

知道"老胖养熊，竹子埋上"，特别是他在调养生过病的熊猫方面很有一套。从成都接大病初愈的萌兰回到北动，在相当长一段时间里，李奶爸是萌兰的主管饲养员，他不断给萌兰加大竹量，有时会看到萌兰坐在一大堆竹子中若隐若现。萌兰的身体越发强健，慢性骨髓炎至今没再复发，关心萌兰健康的人们都特别感谢李奶爸，这也是么么儿如今多了个姓，被称为"李萌兰"的缘由。

2023年5月28日凌晨，丫丫（谱系号507）回到北动，李奶爸带团队又开始着手调养这位"北动长公主"。有今日萌兰先例，大家也期待着，将来把丫丫称为"李大丫"。有游客在熊猫馆偶遇李奶爸，低调稳妥的他不苟言笑，正在巡视，眼睛几乎一刻都没离开过那些熊孩子。游客拍了张他敦厚的背影照片，很符合李奶爸的气质。

刚到北动的萌兰人生地不熟，初期多少还是有些拘谨，常常抱着个蓝色皮球蜷缩在运动场一角。爱不会消失，但会转移。看到"最漂亮妈妈生的乖儿子"，一手带大萌萌的徐奶爸升级为姥爷非常乐呵，对这个宝贝外孙那更是疼爱有加，冬天陪着玩雪，夏天打水仗搞怪。动管部穆叔也是萌兰特别喜欢的好朋友，他的场地需要维修的地方太多了，穆叔常来，萌兰见到他，会高兴地咬手摇头撒娇。

"萌兰，来看看。"穆叔热情地打招呼。

"咩咩咩……"萌兰迅速跑到玻璃窗前回应。

"你怎么又把秋千给拆了？要扣零食。"

感觉话题情绪不对，萌兰掉头就走。

爱是陪伴，非一朝一夕，在身边，在心里；爱是日常，非一事一物，琐琐碎碎，点点滴滴。

活泼好动且善于与人互动的天性很快被激活，萌兰与徐姥爷、穆叔、纪奶爸等人玩得不亦乐乎，甚至还学会了模仿秀。当看到徐姥爷换了个朋克式新发型，他居然把运动场内的一条毛巾套在自己头上模仿，令人忍俊不禁。"外表英俊，智商超群"，北动的萌兰介绍牌上如是写道。

有一回，萌兰因感冒加排黏，食欲减退的他全身无力，趴在木架上懒得动弹。徐姥爷看在眼里，急在心里，不顾个人安危，走进萌兰的运动场靠近他，把嫩笋剥去皮后一边抚摸他一边小口投喂。要知道，这个年纪的大熊猫已经具有非常强烈的领地意识，任何人如此靠近都是非常危险的行为。外表呆萌的大熊猫是"熊"而非"猫"，他们有锋利的爪子和强大的咬合力。在外人看来，饲养员可以近

2020 年 4 月 日 曾祥录 / 摄

2023 年 2 月 6 日

曾祥录 / 摄

距离甚至近身接触到大熊猫，很是令人羡慕，但实际上，这是一份苦累且伴有一定危险性的工作。以投喂为例，有时饲养员递竹子会被大熊猫误认为要抢食，护食的本能下，可能会做出伤害饲养员的举动，曾经就发生过大熊猫突然发怒咬伤饲养员的事件。但此时的徐姥爷满心满眼只有他这个宝贝大外孙，只希望么儿能尽快恢复健康。"他们就像我的家人、孩子一样，生病一定要照顾好。"

关键时刻彼此的信任源于日常点滴的爱意积累。平日里，经常是萌兰手里拿着的窝头还没吃完，饲养员又递来一根笋让他握着。有一次，饲养员想和萌兰亲近，摸摸他的鼻子，第一下没有摸到，萌兰赶紧把大脸盘子使劲往铁栏杆靠，让饲养员摸到才满意地转身离开。萌兰就是这样，对他好的人，他一定不会让对方失望。

爱心充盈的饲养员从来一视同仁。看到处于"假孕"状态的萌萌食欲不振，蜷缩在墙角，关心"亲闺女"的徐姥爷毫不犹豫地跑进萌萌的院子给她投喂竹笋。要知道，出现"假孕"现象的雌性大熊猫和真怀孕的雌性大熊猫从感受、状态到激素变化高度一致，都会经历近一个月的减食期，此时的萌萌需要饲养员更加无微不至的照顾和悉心的照料。

大熊猫是有野性的，如果真一巴掌拍过来人就没了，但他们也是有血有肉的生命体，谁对他们好，他们心里都明白，自然也不会伤害这些已于无声中建立充分信任的饲养员。能被大熊猫温柔以待，正说明平日里饲养员把他们照顾得非常好。

2020 年 4 月 7 日　曾祥录 / 摄

2022 年 9 月 4 日　曾祥录 / 摄

生物研究学家说："大熊猫只是不会说人能听得懂的语言，但他们心里全明白。"其实这个道理很直白，动物和小朋友一样，很清楚谁对自己好，比如幼儿园里，你看孩子们围着谁撒娇耍赖，对谁又敬而远之，心里明镜一样。

就像一个家庭，什么样的家教就会教出什么样的孩子。萌兰的幸运在于他"熊生"中每个重要的成长阶段，都能遇到把他捧在手心里当宝的奶妈奶爸，相互之间真心真情付出，才有了今天大家看到的懂得感恩、善良活泼、喜欢沟通互动、身心健康的"西直门三太子"。

被爱呵护的孩子，同样也会用爱呵护别人；心地善良的孩子，运气往往都不错，因为磁场的正能量有吸引力法则。

2022 年 8 月 20 日　曾祥录 / 摄

◀ 萌萌

2021 年 11 月 17 日　曾祥录 / 摄

2023 年 3 月 11 日　曾祥录 / 摄

来疯"的特点，即便那时他还没有像今天这么火，在那段无人问津的平淡日子里，这个骨子里始终阳光开朗的大男孩，一直表现得很活跃。

2017 年冬月的一天，萌兰正在银装素裹的运动场内独自玩雪，玩得不亦乐乎，当看到玻璃窗外有三五个游客走来，他立马跑过去暖心贴贴，积极营业。虽然曾笼罩在美妈帅爸的光环下，但在新环境下，这一路的成长还是要靠自己的高颜值和高智商稳扎稳打前行才行，萌兰似乎明白这样的道理，像极了我们同样要通过自己的不懈努力才能走向成功。

萌兰不是在整活，就是在整活的路上。和往日踏着有节奏的内八字步伐尘土飞扬霸气出场的方式不同，这天，萌兰以类似跪滑漂移宛如街舞的方式和大家见面，幸运的前排游客看到了萌兰最能展示他气势与气质的标志性姿势——只见萌兰迅速攀爬到运动场中那被盘得没有一片叶子的光秃秃的树杈的最高处，前腿蹬，后腿绷，承载着近 300 斤重的身躯，拉直腿做出熊猫界最强"一字马"，神采奕奕，目眺远方。在大伙儿爆发的欢呼声中，萌兰越发

2023 年 3 月 11 日　曾祥录 / 摄

兴奋，不断调整、变换各种高难度姿势，时而半卧半躺，时而"倒挂金钟"。台上一分钟，台下十年功，这个禁欲系的胖小子日常热衷健身，仰卧起坐、俯卧撑等各种类似人类的动作都有抓拍记录，"皮毛大衣"覆盖之下，萌兰有一双强劲的"麒麟臂"，全身肌肉力量发达且协调性极佳。

你以为夏天最大的烦恼是热吗？错。夏天最大的烦恼是又胖又热。

特别是2023年入夏以来，北京的气温持续走高，高温对天性喜冷厌热的大熊猫而言极不友好。趴在木架上静卧的萌兰一听到游客喊他的名字，从不会让来看他的人们失望，立即圆滚滚撒欢式跑来，像妈妈萌萌那样隔着玻璃窗用他的蓬蓬脸来贴贴，还知道转过身背坐，让大家看看他两只可爱的米奇大耳朵，不停调整姿势，让人审美不疲劳。

萌兰努力营业，他内心一定是不想让爱他的任何人失望，哪怕自己再累。游客们不时发出阵阵欢呼声，那是因互动而共鸣，是与这只可爱的"心上熊"的共情共鸣。

"这是我见过的对待生活、对待工作最有热情的打工仔。"有网友如是感慨道。

2020 年 5 月 11 日　曾祥录 7 摄

善良如你

一只、两只、三四只……不断有麻雀飞进萌兰的院子，落在秋千上，啄食着他最喜欢的窝头。

为了让麻雀们吃得安心，萌兰专门选择离秋千有段距离的树桩，背靠着坐好，握根笋细嚼慢咽，似乎生怕咀嚼声大了会惊扰到它们。麻雀们饱餐一顿后欢快飞走，他这才慢悠悠走过去，爬上秋千坐稳，拿起被麻雀啄得星星点点的窝头大快朵颐。这时，另一群麻雀又飞进来，这次它们的目标是萌兰刚刚掉落在地上的笋渣。

一回生二回熟，和谐共生的升级版是：当萌兰靠着

2022 年 11 月 14 日　曾祥录 / 摄

树桩吃笋时，麻雀们可以靠得非常近，在他身边啄食笋渣。麻雀们胆子越来越大，那是萌兰纵容的结果。"钓鱼穷三年，玩鸟毁一生"，对于财大气粗的熊猫界顶流"西直门三太子"而言，养上一群鸟简直不算个事，不少喜鹊也飞来，从免费大餐到努力加餐，一只只鸟儿在萌兰的院子里都被养成了胖嘟嘟的"走地鸡"。

动物护食是天性使然，更何况萌兰小时候还曾有吃"百家饭"吃不饱的经历。彼时，还在成都熊猫基地的萌兰正处于幼儿期到幼年期的成长阶段，胖小子胃口很好，却因母子被迫分离，再也吃不到奶水充足的萌萌的母乳。有一段视频看起来令人有些揪心：小萌兰几次爬上木架想找干妈科琳（谱系号 678）讨口奶吃，结果被科琳拒绝，几番折腾后双方都倦了，这时萌兰本可以再做努力，或许就能成功，但他却转身悻悻然落寞地离开了，饿着肚子爬到草坪一处角落睡去了。

后来因患病也影响过食欲，成长过程中萌兰特别珍惜粮食，连笋皮上的笋都吃得很干净。有一次，他吃窝头太急被噎到吐，缓过神来后，居然把吐的捡回来也吃了。小时候饿过肚子的他长大后性格还这么好，今天萌兰不吝啬分享食物的行为就特别令人感慨。他投喂过饲养员，隔壁萌宝、萌玉妹妹（谱系号 1122、1123），表弟胖大海（谱系号 1072，大名福星），甚至有天晨起他还衔着竹子急匆匆来到玻璃窗前要给外面的游客，游客们笑称："是怕这么早来看他的大家没吃早饭吗？"

一只流浪猫溜进萌兰的院子里喝水，徐姥爷看到后，迅速来抓。要知道，猫狗身上如果有病菌，传染给大熊猫那是非常危险甚至会致命的。萌兰听到被油布裹起来的小猫一直在"喵喵喵"，担心得抓耳挠腮、手足无措。一个心意相通的小细节是：徐姥爷看到萌兰着急的模样，离开时还专门掀开裹布一角让他看看。见徐姥爷带猫咪离开，萌兰忍不住跟上前去，然后坐在那里发愣许久，担心猫咪受到伤害。

本想在木架上安心睡个午觉的萌兰不时被一只乌鸦打扰。乌鸦先是在萌兰腿上不停薅毛，萌兰无奈伸伸脚，乌鸦一个低悬又飞到他背上继续薅熊毛，萌兰无奈，翻身躲到木架下面睡。这只乌鸦实在不知情识趣，且有些肆无忌惮，甚至飞到木架下和萌兰面对面，好脾气的萌兰只好起身，乌鸦这才慌忙飞走。

　　"萌兰的皮大衣下面一定住着一个善解人意又坚强乐观的少年。"能为别人着想的美好品质，令人共情且心疼。"一只熊猫怎么能够如此懂事？"萌兰让大家越发喜爱，不仅因为他的可爱，更因为他的这份善良。

2023年1月1日 曾祥泉 摄

一跃出圈

一个自由的灵魂，
行李箱里装不下他想去远方的心。

　　无法准确用文字来描述萌兰先拆监控后"越狱"，如此像人一样的心理支配行为的先后逻辑关系。

　　萌兰拆监控其实有两次，对于安装在运动场屋顶一角的监控设备，这个高度对善于攀爬的他来说简直不算个事儿。第一次爬上去，一熊掌就把监控器拍烂，行为简单粗暴马上就被发现，穆叔拿着账本表示要扣竹笋、零食，并对他进行了批评教育。萌兰是知错还敢，特别有意思的是第二次，萌兰显然吸取了上次的教训。如何才能让监控失效且又不被"两脚兽"马上发现？他居然有了搞隐蔽点的小心思。这次，萌兰的办法是把监控器的连接线咬断，目标达成后，他小心翼翼地缩下来，还鬼头鬼脑地四处张望，看有没有被发现。见一切安全，萌兰口衔咬断的一小截电线，去给隔壁的萌宝、萌玉两个妹妹炫耀。如果说萌兰拆监控是为后期"越狱"做准备，似乎有点太像人类的逻辑行为，但事实是，前后关联顺序的确如此。监控室内，萌兰院子的屏幕画面再次一片漆黑，奶爸迅速跑来取证，都不敢相信这是一只熊猫的所作所为。

既然每次拆监控都被发现，还不如自己直接行动。2021年12月15日上午11时30分，6岁的萌兰干了件大事，这注定是他"熊生"中的高光时刻。

萌兰先是把运动场内能拖到墙边的各种玩具试了个遍，小黄车、小蓝球等，站上去跌下来摔了好几个屁股蹲儿，终于把大红球拿来当垫脚石成功找到平衡点站稳了。只见他前肢抓住安装在铁栅栏内侧的喷雾线向上发力，后肢蹬着光滑的玻璃窗，就爬上了栅栏第一连接凸处，继而用力向上一跃，居然就攀上了2米高的栅栏顶部。此时喷雾线已被踩弯，那看似肥硕的身躯却异常灵活，来了个漂移摆动就翻出了栅栏顶部站稳，从围墙一角探出他那硕大的圆头，完美上演了一出精彩的熊猫版飞檐走壁。萌兰淡定自若地看着墙外那些惊呼着拿手机拍照的游客们，幸好他没有进一步行动。萌兰"越狱"，动作可谓稳准狠，上肢异常有力，腰腹下肢协调性极佳，整个动作分三步，一气呵成，中间没有任何停顿。虽然萌兰33码的脚掌比一般的熊猫要小些，但他的行动是如此敏捷，看来他从小善于爬树，长大后自律卷腹，简直没有白练。脑补成都国际金融中心的熊猫攀爬外墙探头观望的雕塑形象最为应景。

萌兰"越狱"后，北动保安第一时间赶到，疏散游客，奶爸赶紧用苹果把萌兰诱回运动场。以"一熊之力"翻越院落高墙，萌兰"越狱"上了热搜，还上了央视新闻。当天下午，北动就通过微博回应："今天一只活泼的大熊猫引起游客围观。这只大熊猫叫萌兰，是北京动物园奥运馆里一个调皮的'男宝宝'。15日中午11:30分左右在运动场玩嗨了，爬进了奥运馆饲养后台缓冲区，缓冲区设置在运动场外，与游客完全隔离。大熊猫如此身轻如燕，饲养员只好斗智斗勇，第一时间采用食物引诱，萌兰这个'小吃货'闻着香味乖乖回到了兽舍后台。出去溜达一圈的萌兰经饲养员评估，没有任何问题，目前又开开

2023 年 2 月 6 日　曾祥录 / 摄

2023 年 2 月 3 日

曾祥录 / 摄

2022 年 1 月 24 日

曾祥录 / 摄

木马秋千小红椅

烈日当空，穆叔、萌兰的主管饲养员纪奶爸正在萌兰的运动场内商量着什么，接着，李奶爸也走进来，三个人边讨论边比画着什么，显然在讨论什么要事。2023年4月中下旬，北动对大熊猫馆室外活动场地如木栖架等做调整，但对于拆家小能手叠加热衷于"越狱"事业的萌兰的运动场该如何丰容，几个人是要好好合计一下才行。

熊猫界的哈士奇——萌兰拆家那是行家里手，他的木马、秋千从1.0版到3.0版的进化史就能完美诠释。

2019年11月21日，小木马初次登场就被铁链禁锢，

2020 年 3 月 23 日　曾祥录 / 摄

2020 年 3 月 24 日　曾祥录 / 摄

萌兰用牙齿对其展开全方位质量检测，仅仅一天，小木马就已浑身伤痕累累。小木马逐渐配不上"三太子"越来越肥壮的身躯，2020年元旦刚过，小木马"熊口"逃生，2.0版本的大木马隆重登场，还是要用铁链锁好，穆叔亲自坐上去测试，既要有摇摆幅度，底座还必须稳固。萌兰特别喜欢这个大木马，每天不去上面摇几回都不肯下班回内舍睡觉。时间消磨热爱，"小甜甜"渐成牛夫人，大木马被折腾到只剩下底座后，半截横木完全失宠。熬到2023年春暮，或许萌兰院内的装修预算严重超标都拿去买铁链了，缝缝补补又三年，在原本已开裂包浆损毁严重的2.0版大木马的基础上重新安装把手和靠背，木马也能再就业，重新披挂上阵成为萌兰的3.0版木马。

萌兰运动场最重要的物件当属秋千，除了玩耍，这还是他日常进食的地方。第一个木秋千是从他大哥萌大处"继承"来的，萌兰很是喜欢，直接站上去，双手抓住最上面的横木使劲摇摆晃荡，秋千很快被折腾成个半吊躺板。为了能结实点，还可以让萌兰纳凉，木秋千换成半铁半木秋千，没想到居然被萌兰拆了，所以现在萌兰的运动场内这个纯铁打造的秋千最为结实，哪怕萌兰心情不好和秋千干仗都不怕。2023 年夏季高温，北动给所有的熊猫都发放了凉席，萌萌和几个儿子都将凉席啃咬得千疮百孔，唯独最擅长拆家的萌兰那铺在铁秋千上的凉席完好无损，聪明如他，知道这是可以解决夏天坐在上面烫屁股问题的好东西。

还有一样东西萌兰也没拆。那把被誉为"北动熊族传家宝"的古董小红椅，最初属于被称为北动战神级"保安队长"的古古（谱系号 496），古古曾立下功勋获赠红椅宝座。之后传给萌萌，"北动影后"坐在上面优哉游哉吃竹子，还带着去拍电影，是小红椅的正牌代言人。瑛华（谱系号 566）、胖大海、萌大也都喜欢坐在上面无动力 90 度自由摇摆。现在，"星二代"萌兰正式接手这把快有 20 年历史的古董传家宝，可见这把小红椅是多么罕见的顽强家具。

精力充沛的萌兰一直在拆家的路上。第一次"越狱"失败后，他当场就把垫脚的小蓝车给咬碎肢解，运动场其他小玩具也都曾惨遭"熊手"，铁秋千旁

2021 年 11 月 7 日　曾祥录 / 摄

2020 年 5 月 4 日　曾祥录/摄

挂有一个装竹笋的木桶，在他爱不释手的把玩中也光荣下岗了，有天他居然铆足劲想把偌大的吊篮给拆了……负责场馆设施维修的萌兰的好朋友穆叔很是头疼，账本也越来越厚，为此穆叔和"三太子"还曾讨价还价，损坏的设备"是用窝头还是竹笋来抵扣"。

北动大熊猫馆运动场丰容顺利结束，根据大熊猫的行为习惯和喜好，风格各异。萌大的是森林温泉原木，萌二的是户外洗浴草原，萌宝、萌玉拥有相亲相爱擂台，白天（谱系号 1158）的是城堡森林，胖大海的是布艺风。萌兰的最为特别，为防止他找到垫脚工具再度"越狱"，全部都用铁链锁死，"西直门三太子"凭实力在自己的七彩乐园里赚得全套工业铁皮风格，少移动资产，多固定资产。

伴随着"咩咩咩"的欢快羊叫声，萌兰健步迈出开始巡场。木拱桥不错，下面可以躲雨。滑梯上怎么还加减速带？快拆了。牙咬掌击蘑菇伞没变化，新增加的太空摇篮挺好玩，新种的花花草草让院子里生机盎然。一圈测评下来，萌兰很满意，悠闲地坐到秋千上，拿起一根"加特林"大竹笋开始加餐。

或许萌兰最想要的是"绯闻女友"白天院内的那棵大树，爬到最高处来个标志性的"一字马"，不仅帅呆全场，还可以目眺远方，看到外面的世界……

2022 年 10 月 8 日

曾祥录 / 摄

祝福明天

陌上熊如玉，萌兰世无双。

"看萌兰的请排好队，他还在休息室没在运动场，什么时候上班由他自己决定。"虽然在北动入口处的告示牌上，蓝底黑字已特别注明了"萌兰上班自由"，但工作人员还是需要通过喇叭反复播放提醒。

北动7点半开园，熊猫馆8点开门，但往往还不到7点，北动门外的甬道就已排起了来看萌兰的百米长队，人群中居然还有拎着小马扎的。15元旺季门票，熊猫馆另收5元，萌兰当然是门票收入贡献的主力。

2023年5月12日早晨，开园放行瞬间，来自沈阳的

2023 年 2 月 3 日　曾祥录 / 摄

2023 年 2 月 6 日　曾祥录/摄

李先生就以百米冲刺的速度跑到萌兰运动场前。"原以为五一后错峰来人会少些，没想到还是这么热闹。"资深熊猫粉李先生曾多次去大连森林动物园看生活在那里的高智商话痨大熊猫金虎（谱系号 768）。金虎是萌萌的弟弟，按辈分算该是萌兰的舅舅。如今，看萌兰的时间有限，排队一个小时，看五分钟就必须离开。李先生爽朗道："今天咱们这个顶流大外甥的表演实在太精彩，等再久都值得。"

萌兰的精彩表演当然又玩出了新花样。他出来后，先是常规性小跑着巡场一圈，然后把最喜欢的那个有细孔的红色小皮球浸泡到水池中，继而咬着装好水的皮球三五下爬到树的最高处，把小球里的水像花洒洒水般往下浇，仿佛在说："春天来了，薅光叶子的树枝上能否发出新芽？"如此好几个来回，直到他累得趴在大青石上呼哧呼哧喘着粗气。

临近端午，萌兰创新技能，在铿锵的配乐节奏中，咬着硕大的粉红色塑料盘上下左右挥动不停，宛如舞狮般。而在海南被喻为"全网最富有"的大熊猫舜舜（谱系号 902）则会推小船入水玩耍。一个舞狮子，一个划龙舟，这个端午节，南北很通透。

生物学家研究认为，大熊猫的智商相当于人类的 4 到 5 岁。而萌兰的智商给人的感觉至少有 10 岁左右。从小到大，他给人的感觉非常像人类的小朋友。幼年时，奶爸奶妈说什么，他不仅能听懂，还能回应；大点了，会自己动脑筋来解决想要做的事情，例如要"越狱"，懂得借助园子里的玩具来助力。发箍奶爸张粤就曾说："萌兰有自己的小心思，特别聪明。"阳光、自信、胆子大，简直就是国宝中的活宝。他似乎也知道喜欢自己的人越多，日子才能越过越好的道理。作为北动的台柱子，萌兰智力超群、多才多艺，一个皮球硬是整成花洒，运动场里能搬动的每一个玩具，他几乎都要带上树过一遍才罢休，身手敏捷、威武霸气，有时候就连一个澡盆都能玩出新花样。他还继承了被誉为北动"治愈系主任"妈妈萌萌这方面的优良基因。

或许是因为有过相仿的境遇，萌兰对隔壁的表弟福星特别照顾。2017 年 6 月 25 日，福星出生在中国大熊猫保护研究中心雅安碧峰峡基地，他那粉红色、毛茸茸而又庞大的身躯在一群白嫩的迷你"小团子"中格外醒目，远看就像泡发的胖大海一样，故得小名胖大海。福星的美女妈妈瑛华和萌萌一样是北京户口，2018 年 11 月，才 1 岁多的胖大海落户北动。不安、拘谨……萌兰仿佛看到了自己刚来时的模样，贴心投喂竹子、陪玩拔河游戏、示范攀爬铁窗，在萌兰的治愈下，胖大海越发活泼开朗。他看到萌兰咬手撒娇的姿势觉得很可爱，也决定试试。第一步咬手没问题，第二步扭动身体，感觉哪里不对，再试一次咬

2021 年 12 月 18 日　曾祥录 / 摄

2019 年 2 月 12 日　曾祥录 / 摄
福星（左）　萌兰（右）▶

手晃动，怎么还是不对呢？看到胖大海一脸困惑，网友们迅速支招：萌兰扭的是腰，胖大海扭动的是底盘，浑身的肉都在抖动，所以那股子狐媚劲就完全不一样，但胖大海也呈现出了另一种娇憨可爱。

北京户口，享受国家特殊津贴，性格活泼开朗有爱心，身高 1.9 米，坐拥无数粉丝……"旷世熊才"自身条件如此优渥，但萌兰这个傻小子始终专注"越狱"事业，在某个方面似乎不大开窍……

2023 年 7 月 4 日，巨蟹座的萌兰满 8 岁了，同龄的大熊猫早已婚配甚至生子，但萌兰还是单身状态。"三太子"不急，大伙儿急，但也有一个客观问题存在：如果是野生的大熊猫，按照生存规则，雄性大熊猫会留在妈妈的领地附近生活，雌性大熊猫一定会远离妈妈的领地，重新开辟自己的新天地，因为在野生大熊猫的繁衍过程中，雌性大熊猫占据着主动权，一个母亲就是一个小族群，它们是多夫多妻制，没有婚姻的束缚，自由恋爱，自由繁育下一代。但圈养的则不同，因为数量有限，大部分大熊猫都沾亲带故，更何况萌兰家族的基因太过强大，遍地都是有血缘关系的大熊猫，除了他有一大帮兄弟姐妹外，美妈帅爸还有一堆兄弟姐妹，故而萌兰还有一大堆表亲和堂亲，所以在给萌兰选媳妇儿

2023 年 2 月 22 日　曾祥录 / 摄
和花 ▶

这件事上，工作人员也犯了难。

操碎心的广大网友于是一阵乱点鸳鸯谱："萌妹"飞云（谱系号774），这个外表娇美、脾气火暴的萌妹，可以三分钟把同伴打哭七次——这也是"三七开"的新解——萌兰绝对驾驭不了；韩国"财阀公主"福宝，辈分算下来，萌兰居然是福宝的舅姥爷；最离谱的是还有人介绍花花，那可是萌兰同父异母的亲妹妹。

2018 年 6 月 10 日　曾祥录 / 摄
◀ 萌兰

终于，靠谱的反而离得最近。同样生活在北动的白天出生于 2018 年 8 月 20 日，妈妈是小白兔（谱系号 784），爸爸是芦芦（谱系号 503），而一个更大的背景是：小白兔是吉妮（谱系号 403）的女儿，吉妮则是被称为"功勋熊猫"的良良（谱系号 323）的闺女，推算下来白天则是良良的曾外孙女。

因为特殊的身份，白天自一出生就备受关注，成为北动新晋小花旦。白天的人气日渐增高，她漂亮可爱，天生丽质，圆圆脸、小鸟黑眼圈，白白胖胖，眼睛妩媚，自带美人眼线，网友们纷纷表示"第一次看到化妆后的美熊

2023 年 1 月 14 日　曾祥录 / 摄

猫"。白天是北动爬树第一名，因喜欢整天在树上待着而被称为"北动挂件"。她会跳扭扭舞，会练体操，会前滚翻完美落地，还会体操表演，简直就是完美熊猫，大美女小萝莉。

最为关键的是，白天和萌兰没有任何血缘关系，二者反而还有些共同点及互补点：白天虽是雌性大熊猫但喜欢爬树，时不时还来个"倒挂金钩"，和萌兰的爱好一模一样；白天也特别会营业，看到有游客举起手机要给她拍照，马上就会摆好姿势，保持自己的淑女形象；白天也酷爱自己院子里的黄色大球，不管是玩耍还是睡觉都抱着，爱不释手，只是萌兰用球来垫脚"越狱"；白天也很通人性，听到奶爸喊名字会举手回复，萌兰则是直接答应来回应奶爸。

当然，两只熊猫各有其可爱之处，喜爱熊猫的我们唯有祝福，愿他们"熊生"少一点束缚，多一点顺遂。

陌上熊如玉，萌兰世无双。

书写萌兰，也成粉丝。

岁月静好，祝福明天。

◄ 白天

2023 年 2 月 15 日　曾祥录 / 摄

后记·全家福

　　总有一种爱意和等候让人热泪，2023 年 5 月 29 日凌晨的北京西直门外大街，许多市民守候在此，等待海外漂泊了 20 年的大熊猫丫丫在上海经过隔离检疫期后回京。看到运送车队缓缓驶来，人们一边拍摄视频，一边激动地大喊："丫丫，终于回家了！"

　　至此，目前生活在北动的大熊猫共有 11 只，按年龄大小陆续出场：

　　快 24 岁的古古风采依旧，他曾 4 次因受到违规翻入熊猫运动场的游客的惊吓而咬伤他们，被称为"北动保安队长"。

"丫丫肉眼可见地胖了。""沐浴着阳光在竹海里悠然干饭。""皮肤病好了很多。"……每周，大家都在关注北动更新"西直门长公主"的日常视频。游子不易，安享晚年，唯有祝福。

一胎萌大、萌二哥俩，二胎独生子萌兰，三胎萌宝、萌玉姐妹花，萌萌可谓"萌氏家族"的英雄母亲，特别喜欢和孩子玩耍打闹的她还有个鲜为人知的外号——萌小六。

"典型的阳光大男孩"，在北动对萌大的介绍牌上，专门加了"典型"一词作为强调。"凹断你"，进食时龇牙咧嘴徒手掰竹子的萌二，常替妈妈出来营业，他还被称为"北动孝子"。

养在深闺、有倾国之貌，出生在端午节，被称为"端午一枝花"的花点点性格内向，因严重社恐故不展出，她在自己的后院里才能生活得悠然自得，顺遂安康。

蛋糕抬进来，生日歌唱起来，7月4日满8岁的萌兰正在小雨中"干饭"。他最想要的生日礼物大概是一架梯子吧，手中无，心中有，一直想"越狱"闯荡江湖的萌兰大侠，和我们每个人一样，诗和远方始终在前方、在路上……

6岁的福星仍然每天紧紧抱着他的"鱼妃"爱不释手。这个布偶"胖大鱼"是他离开碧峰峡进京前，奶妈一针一线密密缝制的，那上面应该有童年记忆的味道吧。

生活在同一运动场的萌宝、萌玉姐妹花是萌兰一窗之隔的邻居，左耳下方有颗"美人痣"的是姐姐萌宝，活泼好动，喜欢爬树；妹妹萌玉则乖巧安静，喜欢睡觉。

身世根红苗正，性格温顺听话，小鸟眼圈叠加天然眼线，人们对"北动挂件"白天这位大美女小萝莉最大的期待是，她能尽快从"西直门三太子"的"绯闻女友"晋升为"太子妃"。

古古、丫丫、萌萌、萌大、萌二、点点、萌兰、福星、萌宝、萌玉、白天排排坐。

咔嚓……

那是生活在北动的11只大熊猫的一张美满的全家福。

▲ 古古

2020 年 8 月 1 日　曾祥录 / 摄

2022 年 3 月 18 日　曾祥录 / 摄
◀ 萌萌

◄ 萌大

2022 年 11 月 20 日

曾祥录 / 摄

◀ 萌之

2021 年 8 月 8 日　曾祥录／摄

◄ 萌兰

2023 年 1 月 31 日　曾祥录 / 摄

2022 年 11 月 26 日　曾祥录 / 摄

点点 ▶

◀ 福星

2021 年 12 月 20 日　曾祥录 / 摄

2020 年 11 月 27 日　曾祥录 / 摄
萌宝（右）　萌玉（左）▶

◀ 白天

2022 年 11 月 2 日　曾祥录 / 摄

大熊猫知识问答

1 Question

大熊猫一年只发情一次，
为什么它们会在春季发情，
而不是夏季或冬季呢？

春季是竹笋和竹子的新枝嫩叶大量萌发的季节，其中，竹笋的营养价值更高。这个时候，大熊猫能够摄取足够的营养，为繁殖下一代做准备。大熊猫如果在春季发情交配，则会在秋季产崽，而产崽期间又会有秋笋萌发，秋笋能为育幼的大熊猫妈妈提供营养。科研人员在野外调查时发现，有些地区的大熊猫出现了秋季发情、春季产崽的情况。无论是春季发情还是秋季发情，其实都是大熊猫生存智慧的一种体现，因为在这两个季节交配、产崽，都能够吃到营养丰富的竹笋，而且完美地避开了炎热的夏季和寒冷的冬季。

**平时独居的雌性大熊猫和
雄性大熊猫，发情期间是
如何联系的呢？**

大熊猫的视力比较弱，主要靠听觉和嗅觉来接
收信息。在发情期间，雌性大熊猫会将肛周腺
分泌物和尿液涂抹或喷洒在巢域附近的树干或
石头上，向雄性大熊猫传递发情的信息。此外，
大熊猫还会发出类似牛叫、羊叫、唧唧、狗吠、
咆哮等多种声音。在发情期间，大熊猫会通过
单独发出一种或多种声音混杂的方式，来表达
喜欢、拒绝等不同情绪。

刚出生的大熊猫幼崽是什么样子的?

刚出生的大熊猫宝宝，通体呈粉红色，身体覆有稀疏的白色绒毛，眼睛紧闭，像一只小老鼠，还看不出大熊猫的样子。这个时候的大熊猫幼崽还没有视觉和听觉，不过在饿了或者需要大熊猫妈妈帮助的时候，它们会发出洪亮的叫声。新生大熊猫宝宝的平均体重为 100 多克，相当于 2 个鸡蛋的重量。目前，出生体重最轻的大熊猫宝宝仅有 49 克，而出生体重较重的大熊猫宝宝则能达到 200 多克。

为什么身形庞大的大熊猫生出来的幼崽像一只小老鼠，根本看不出大熊猫的样子？

因为大熊猫是"早产儿"。雌性大熊猫成功受孕后，胚胎不会立即着床，而是在子宫内游离，并停止发育，直到出生前一个多月，胚胎才会在子宫内着床。因为只有短短一个多月的时间，胚胎无法充分吸收营养发育成熟，因此，每一只大熊猫都是在还没有发育成熟时就出生了，它们的很多身体器官都还没有发育好。

只有 100 多克的大熊猫幼崽是如何度过生命脆弱期的？为什么说初乳是大熊猫最珍贵的初始食物？

母体分娩后，最初几天分泌的乳汁称为初乳。大熊猫妈妈的初乳对于大熊猫幼崽至关重要，如果吃不上初乳，幼崽几乎难以存活。这是因为，大熊猫是"早产儿"，刚出生的大熊猫幼崽非常脆弱，其身体机能尚未发育成熟，特别是自身免疫系统功能不健全，非常容易夭折。而大熊猫妈妈的初乳中含有较高的免疫球蛋白，有助于幼崽自身免疫系统的形成。此外，初乳中还含有帮助幼崽大脑发育的 DHA、提供能量的甘油三酯等物质，有助于大熊猫幼崽的器官发育，因此，初乳是大熊猫最珍贵的初始食物。

可以用其他哺乳动物的初乳代替大熊猫初乳吗？

不可以给大熊猫幼崽喂食其他哺乳动物的初乳。科研人员研究发现，大熊猫初乳中许多营养成分的含量，远高于其他常见的哺乳动物初乳中同类营养成分的含量。在圈养条件下，饲养员会将产奶量比较多的大熊猫妈妈多余的初乳储存起来，喂给其他吃不上初乳的大熊猫幼崽。

大熊猫初乳的颜色是否跟其他哺乳动物初乳的颜色一样？

常见的哺乳动物的初乳通常为淡黄色，而大熊猫的初乳则是罕见的淡绿色，这应该跟大熊猫以竹子为食有关。随着时间的推移，大熊猫初乳的颜色会变淡，逐渐变成乳白色。

将 100 多克的幼崽抚育长大，大熊猫妈妈的奶有哪些奥秘？

大熊猫妈妈的产奶量以及乳汁的营养成分，会随着幼崽的成长而发生改变。大熊猫初乳中的蛋白质含量不是很高，只有 8% 左右，但是抗体物质含量很高。这是因为，刚出生的大熊猫幼崽很小，对蛋白质的需求量不大，而初乳中的抗体物质能帮助大熊猫幼崽增强免疫力，为其成长保驾护航。随着大熊猫幼崽长大，它们对蛋白质的需求逐渐增加，因此母乳中蛋白质的含量也会相应地升高至 11% 左右。这跟其他哺乳动物是有区别的，大多数哺乳动物母乳中的蛋白质含量是逐渐降低的。此外，大熊猫妈妈的产奶量也会随着大熊猫幼崽的长大而逐渐提升。

为什么说大熊猫妈妈在产下双胞胎后，只会哺育其中一只？

在野外环境中，当大熊猫妈妈产下双胞胎后，通常会选择更强壮的那只幼崽进行抚养，放弃弱小的幼崽。这是因为，野外生存比较艰难，大熊猫妈妈很难同时将两只幼崽都哺育成活，因此采用"优胜劣汰"的生存法则，选择更有可能成活的那只幼崽进行哺育，这样也有利于将优质基因延续下去。而在圈养条件下，当大熊猫妈妈产下双胞胎后，饲养员会帮助大熊猫妈妈哺育幼崽，因此两只幼崽都能够成活。

大熊猫妈妈会帮其他大熊猫妈妈带崽吗?

大家可能看过这样的视频：饲养员用一颗苹果或者一盆蜂蜜水，跟大熊猫妈妈"交换"幼崽。饲养员将大熊猫幼崽取走，其实是为了给它们检查身体情况，检查完成后会把幼崽还给大熊猫妈妈。在自然界，许多处于哺乳期的动物妈妈，当其幼崽被带走再送回来时，妈妈便不会再接受幼崽了，因为幼崽身上沾了其他味道，而大熊猫妈妈不会因为这种情况而弃崽。而且大熊猫妈妈通常还很博爱，就算还回来的不是自己的孩子，大多数大熊猫妈妈还是会接受并哺育幼崽。因此，在大熊猫育幼的季节，有的大熊猫妈妈奶多，有的大熊猫妈妈奶少，饲养员就会把吃不上奶的幼崽交给奶多的大熊猫妈妈喂，这样也利于提高大熊猫幼崽的成活率。

大熊猫妈妈如何带崽？

大熊猫幼崽出生后，大熊猫妈妈会一刻不离
地守护它。当幼崽能够爬行的时候，大熊猫
妈妈会教幼崽爬树。爬树对于大熊猫幼崽来
说是一项非常重要的技能，在野外，当大熊
猫妈妈外出觅食时，幼崽可以爬到树上躲避
天敌。此外，大熊猫妈妈还会教幼崽辨别食
物、寻找水源、做标记传递信息等生存技能。
当幼崽具备独立生活的能力时，大熊猫妈妈
会将其赶出去，让它建立自己的巢域。

大熊猫爸爸会帮大熊猫妈妈带崽吗?

大熊猫爸爸是不会带崽的。大熊猫是独居动物，只有在发情期，雌性大熊猫和雄性大熊猫才会聚在一起。交配结束后，雌性大熊猫和雄性大熊猫便会分道扬镳，雌性大熊猫将独自面临生育大熊猫幼崽的艰辛。所以，在野外，大熊猫宝宝都是由妈妈带大的。而在圈养条件下，饲养员会协助大熊猫妈妈带崽。

大熊猫妈妈会在哪些地方
产崽？

在野外环境中，大熊猫妈妈在生产前，会选择石穴、树洞等隐蔽空间作为"产房"，并衔入树枝、竹叶等铺在地面上，让"产房"舒适一些。此外，"产房"最好避风、向阳，附近还必须有竹林和水源。而在圈养条件下，饲养员会为大熊猫妈妈准备一间安静的兽舍作为"产房"，让大熊猫妈妈安心生产。

刚出生的大熊猫只有 100 多克, 大熊猫妈妈在"月子"期间是怎么照顾幼崽的?

大熊猫妈妈产下幼崽后, 会立即将其抱在怀里, 并不断地舔舐, 以保持幼崽身体的温度和湿度。在野外环境中, 为了照顾幼崽, 大熊猫妈妈可以连续两个星期甚至一个月不吃不喝, 一直将幼崽抱在怀里, 给它喂奶, 帮它排便, 维持它的体温。等幼崽度过了生命脆弱期后, 大熊猫妈妈才会到巢穴附近寻找食物。

为什么大熊猫长大后跟
幼崽时期差异这么大?

据相关资料显示,大熊猫是世界纪录认证的婴儿与成年体重相差最大的哺乳动物,平均相差整整 1000 倍,这是大熊猫体外发育的结果。

大熊猫平均孕期仅为 144 天,因为大熊猫对环境特别敏感,如果没有合适的环境和充足的食物来源,受精卵在大熊猫母体的子宫里只进行不着床"悬浮"生长,一旦环境和条件合适,着床生长的时间就很短,幼崽随之出生。

在视觉和听觉尚未发育成熟时，大熊猫幼崽如何辨别靠近自己的物体？

虽然大熊猫幼崽不能听见和看见周围的事物，但是它们的嗅觉比较灵敏，能够通过气味辨别靠近自己的物体是否具有危险性。一旦大熊猫幼崽闻到自己不熟悉的气味，便会发出尖叫，呼唤大熊猫妈妈。大熊猫妈妈听见幼崽的叫声，就会立即回到幼崽身边。

大熊猫为什么是黑白色的?

这是由基因决定的，很多情况下，具有黑白色的动物可以打破轮廓线，让捕猎者不容易判断其具体位置和距离。

大熊猫的黑白色，在森林、雪地里能起到保护色的作用，帮助大熊猫躲避天敌。大熊猫的白色毛发可以让它在雪地里很好地隐蔽自己，在雪地白色的背景下，大熊猫的外形轮廓看起来支离破碎，从远处只能看到几个黑斑，很难联想到是什么动物；而大熊猫黑色的四肢能够帮助其躲藏在森林的阴影里。

为什么大熊猫的眼睛看上
去很大？

大熊猫的两只眼睛外面各有一个黑眼圈，用来吸收紫外线，避免阳光直接刺激眼睛，黑眼圈和几乎没有眼白的眼球看上去就像一个整体，所以显得眼睛很大。如果去掉黑眼圈，就会发现大熊猫的眼睛其实很小，在它们的大脸上显得不太协调。

大熊猫的黑眼圈有什么作用?

大熊猫的黑眼圈,和其他动物身上的花纹的用途是一样的,能够起到保护作用,是生物的基因决定的,也是生物长时间进化的结果。

熊科动物天生视力差,大熊猫也不例外。大熊猫的黑眼圈和人类戴墨镜,防止太阳直射、保护眼睛的作用是类似的,黑眼圈能吸收紫外线,减弱射入眼睛的太阳光线,让大熊猫能够及时发现天敌或者食物。

大熊猫的视力如何?

按照人类的标准,大熊猫的视力约为 0.32,相当于人类 800 度近视。熊科动物普遍视力不佳,茂密的竹林光线很暗,大熊猫只能看清几米之内的物体,主要靠听觉和嗅觉来感知环境,但这并不影响大熊猫在野外生活。

大熊猫的嗅觉如何?

大熊猫的嗅觉非常灵敏。大熊猫遇到食物不是先看,而是先闻,凭嗅觉选择食物。比如,大熊猫在选择竹子时,会用鼻子闻一闻,哪根竹子好吃,哪根竹子不好吃。当闻到好吃的竹子时,大熊猫会将这根竹子从离地 20~30 厘米的地方咬断,再用前肢将竹子拖过来。即使在繁殖期,相隔很远的情况下,大熊猫也可以凭借嗅觉感知伴侣的生理状况。

大熊猫有多少颗牙齿?

通常情况下，大熊猫在出生3个月后开始长牙，但3月龄的大熊猫宝宝是咬不动竹子的，主要还是吃母乳。长到5个月的时候，大熊猫的乳牙基本长齐，有24颗，比人类的乳牙还多4颗。8个月的时候，大熊猫开始进入乳牙换恒牙的阶段。1岁半的时候，大熊猫的恒牙基本长齐。

成年大熊猫的恒牙有38~42颗，数量上有区别，是因为有的大熊猫长不出左右两侧最后一颗大牙。

圈养条件下，牙医会定期为大熊猫进行口腔检查和口腔保健。因为长期食用坚硬的竹子，大熊猫牙齿的健康非常重要。

大熊猫的舌头上有倒刺吗？

生物界很多大型猫科动物的舌头上有倒刺，倒刺有助于剔除猎物骨头上的肉，还可以用来梳理自己的毛发。但在大熊猫的舌头上并未发现倒刺。

大熊猫有几根"手指"？

大熊猫的前掌有 6 根"手指"，其中包含了 1 根伪拇指。伪拇指并不是真正的"手指"，它是由桡骨、侧籽骨进化而来的。伪拇指不能弯曲，也没有指甲，但它可以和其他几根"手指"形成对握的姿势，帮助大熊猫抓取食物。

大熊猫脚掌和黑熊脚掌是
一样的吗？

不一样。黑熊脚掌前后各有五趾，大熊猫脚掌
除了五趾，前脚还各有一根"伪拇指"，作用
类似于人类的拇指。此外，大熊猫和黑熊的脚
掌着地面虽然都有特殊的足垫，但大熊猫脚掌
上还覆有一层毛，寒冷的冬天也能在雪地里自
如行走。

为什么大熊猫走路是"内八"？

大熊猫走路呈现"内八"，和大熊猫的体形、
骨骼、生活习性、进化过程有关。因为大熊猫
体形庞大，后腿短前腿长，内八走路可以让大
熊猫身体的重心前移，分担后腿压力。

157

Question

大熊猫的毛防水吗？

大熊猫全身毛发浓密，毛的表面有一层厚厚的
油脂，虽然防水功能不强，但水也无法很快地
渗透到表皮，因此大熊猫身上即使被打湿了，
也能干得很快，这样的毛发使得大熊猫既不怕
冷，也不怕潮湿。

 Question

大熊猫的皮肤厚吗？

大熊猫不同身体部位的皮肤厚度是不一样的，
体背部厚于腹侧，体外侧厚于体内侧。皮肤的
平均厚度约为 5 毫米，最厚处可达 10 毫米，
色白且富有弹性和韧性。

大熊猫怕冷吗？

大熊猫的毛里面充塞着一层厚厚的松泡髓质层，相当于穿着一件质量很好的羽绒服，而且大熊猫的毛表面富含油脂，可以保持皮毛干燥，这样一来，大熊猫既不怕冷也不怕潮湿。

大熊猫多少岁成年？

通常，圈养大熊猫比野外大熊猫成年早，雌性大熊猫4~5岁成年，雄性大熊猫5~6岁成年。

成年大熊猫有多重?

成年大熊猫体重通常为 80~120 千克,最重的能达到 180 千克。

大熊猫的寿命有多长?

据相关资料统计,圈养大熊猫因为有良好的饲养和医疗条件,寿命一般为 25~30 岁,有的可以超过 30 岁;而野外大熊猫的寿命一般为 18~20 岁。

成年大熊猫有多高?

成年大熊猫体长 1.2~1.9 米。雄性个体稍大于雌性,头躯长 1.2~1.8 米,尾长 10~12 厘米。

 Question

大熊猫的性格怎么样?

大熊猫的性格一般比较温和,成年后有很强的领地意识,会在领地周围蹭尾做标记。雌性大熊猫带崽的时候比较凶悍,不允许其他物种靠近宝宝。雄性大熊猫在发情期会走出领地寻找爱情,会与其他雄性大熊猫打斗,争夺交配权。

35 Question

大熊猫生活的地方气候怎么样？

大熊猫喜湿，因此野生大熊猫多选择栖息于高山深谷中，东南季风的迎风面，这些地方空气稀薄，云雾缭绕，气温常年低于 20℃，湿度多在 80% 以上，凉爽湿润。

36 Question

野生大熊猫个体的活动范围有多大？

野生大熊猫个体的活动范围不是很大。在野外，大熊猫每天活动的路线长度平均为 600~1500 米，大雪天为寻找水源，活动距离会稍远一些，偶尔可达 4000 米。总的来说，大熊猫每天的活动范围的直线距离一般不会超过 500 米。不同性别、不同年龄的大熊猫个体，活动范围也不一样。雄性大熊猫的活动范围为 6~7 平方千米，而雌性大熊猫的活动范围一般比雄性大熊猫的小一点，为 4~5 平方千米。

Question

野生大熊猫生活在海拔多少米的地方？

野生大熊猫主要生活在海拔 2000~3000 米的地方。海拔 1300 米以下，因为人类活动的影响，大熊猫较少出现。大熊猫活动的海拔上限在 3500 米左右，特殊情况下，大熊猫会到海拔 4000 米的地方活动。

 Question

在野外，大熊猫喜欢在什么样的地方活动？

在野外，大熊猫会特别仔细地选择自己经常活动的地方，一般会选择竹子多、有适合饮用的水源、避风、有高大乔木、地势缓和的山坡。这样的地方既方便大熊猫取食和饮水，如果遇到紧急情况，大熊猫还可以爬上高大的乔木避险。

野生大熊猫的活动有没有
规律?

野外大熊猫每天有两个时段活动比较活跃:
早上 4 点到 6 点, 下午 4 点到 7 点。在上午
8 点到 9 点和晚上 7 点以后, 活动相对较少。
另外, 在不同的季节, 大熊猫的活动时间也有
所不同。在春季, 大熊猫平均每天的活动时间
约为 15 小时; 在夏季, 大熊猫平均每天的活
动时间约为 14 小时; 在秋季, 大熊猫活动时
间最少, 平均每天只活动 12 小时左右; 冬季
则是大熊猫最活跃的季节, 平均每天活动超过
16 小时。

在野外，大熊猫有没有固定的住所？

在野外，大熊猫没有固定的住处，它们边走边吃，到处游荡。大熊猫不会筑窝，通常住在树洞、岩洞、石洞或树下的乱草堆中。但是在生育前，雌性大熊猫会捡一些树枝或干枯的竹叶，拖到准备好的石洞、岩石缝隙或树洞内，搭一个巢供出生的大熊猫幼崽居住。

在野外，大熊猫除了吃，还干什么呢？

在野外，大熊猫除了吃就是休息。野生大熊猫需要自己寻找食物，所以在一天的时间里，大熊猫大约要花费 15 小时进行觅食、饮水等，另外约 9 小时用来休息。

大熊猫有没有特别的睡姿?

大熊猫的睡姿是多种多样的。不管是大熊猫幼崽还是成年大熊猫,一般卧睡和仰睡的较多。大熊猫卧睡时,四肢会自然下垂,看起来十分放松。大熊猫仰睡时,通常后肢会放在一个固定的东西上,很多时候还用前肢捂着眼睛,很像人类睡觉时用胳膊挡着眼睛遮光的动作,十分可爱。大熊猫躺着的时候,还会伸懒腰、打哈欠。

大熊猫需要洗澡吗?

在野外,大熊猫在喝水的时候会玩水洗澡。而在圈养条件下,成年大熊猫会到水池里自己解决洗澡问题,大熊猫幼崽则需要饲养员为它们洗澡。

在野外，大熊猫如何选择
睡觉的地方？

在野外，大熊猫幼崽生活在大熊猫妈妈为其选择的树洞或岩洞中，睡觉也是在这些地方。再大一些，大熊猫喜欢在树上睡觉，这样能够躲避其他动物的袭击。成年大熊猫没有固定的睡觉地点，想睡觉的时候就找一个可以倚靠的地方，靠着大树或者倒木等都可以睡着。

大熊猫和人类有相似的动作吗？

可爱的大熊猫有很多与人类相似的行为与习性，比如，大熊猫会伸懒腰，经常坐着进食和玩耍。如果大熊猫的视线被挡或它们需要得到高处的东西时，大熊猫也会站立起来。睡觉时，如果光线较强，大熊猫会用前掌遮住眼睛。睡醒后，大熊猫也会打哈欠，表现出非常慵懒惬意的神态。在吃竹笋、窝头、水果等食物时，大熊猫会发出"吧唧吧唧"的声音，和人吃东西时的感觉特别像。吃竹子秆时，大熊猫咀嚼的声音会让人觉得竹子特别脆，令人想起爽口的食物。

大熊猫喜欢水吗？

野外大熊猫多生活在山清水秀的高山森林中，它们不仅喜欢喝山上流下的清泉，还喜欢玩水。在清澈的山泉或溪水边，大熊猫往往会饱饮一顿。在喝水时，特别是在能够看到自己倒影的情况下，大熊猫会兴奋不已，饮水的兴趣会更加浓厚。大熊猫喜欢玩水，夏天炎热，大熊猫会在小溪比较浅的地方泡泡脚，或坐在清凉的溪水里玩耍，有时还会用前肢往身上刨水，像极了人类小孩泡澡时的情形。

冬季下雪后，大熊猫是用雪解渴吗？

大熊猫不会用冰雪解渴，它们会寻找未冻的泉源或者去流溪边饮水。

大熊猫为什么喜欢翻滚？

大熊猫通常用翻滚的方式来表达它们激动的心情，它们不仅会前滚翻，还会高难度的后滚翻。大熊猫做这些动作时，多为春季神清气爽的早晨，或秋季比较凉爽的时候，特别是在冬季大雪之后，大熊猫尤其喜欢在雪地里兴奋地打滚。有时，大熊猫还会仰躺起身体，在原地转圈。大熊猫，特别是幼崽，有强烈的好奇心，它们在翻滚中探索周围的事物，通过爬、滚等动作感知周边的环境。

大熊猫喜欢撕咬与拉拽吗？
这是它们在玩游戏还是在学
习生活本领？

撕咬与拉拽是大熊猫之间经常进行的行为活动，可以增强个体之间的交流与学习。比如，在雌性大熊猫带崽的过程中，就会经常看到母幼之间撕咬与拖拽，但大熊猫在撕咬时都有分寸，不会伤到对方。如果多只幼年大熊猫在一起，这种嬉戏活动会很频繁。比如，一只大熊猫上了树，在树下的大熊猫就会把树上的那只往下拉，而树上的那只则会把爬上来的往下推，它们会这样反复玩耍，直到玩累为止。在这样的游戏中，幼年大熊猫不仅学会了防护、躲避、逃跑、爬树、攻击等本领，还能将身体锻炼得更强壮。大熊猫成年后就过上了独居的生活，不会在一起玩耍嬉戏了。

阳光对大熊猫的生长发育
有没有影响？

大熊猫的健康成长需要适当的光照，光照还会影响大熊猫的发情，比如发情的时间和发情期的长短。但是，喜冷怕热的大熊猫不喜欢夏秋季节强烈的阳光。另外，在圈养条件下，如果温度过高、紫外线强烈，大熊猫可能会中暑或患热射病。

我们总能看到挂在树梢的大熊猫，它们是不是特别喜欢爬到树上？

爬树是大熊猫的生存本领之一。在野外，当大熊猫妈妈出去寻找食物时，没有母亲保护的大熊猫幼崽可能会受到一些掠食性动物的威胁，这时，大熊猫幼崽就要爬上树以逃离危险。另外，爬到树上更容易晒到太阳，对大熊猫的健康有益。

 Question

大熊猫为什么爱吃竹子？

大熊猫吃竹子，是适应自然环境变化的结果。竹子在大熊猫生活的地方分布较广，不仅四季常绿、生长快，而且产量也高，营养成分还比较稳定。加之吃竹子的竞争动物少，大熊猫常年可以获得较为稳定的食物来源。

竹子为什么会开花？多少年开一次花？

竹子开花是竹类植物正常的生理现象，是植物世代更替的必然结果。根据植物专家研究的结果显示，箭竹每 60 年开一次花。

竹子开花后，大熊猫会饿死吗？

一般情况下，竹子开花后，大熊猫不会饿死。因为并不是所有的竹子会同时开花，一种竹子开花枯死后，大熊猫还可以吃其他种类的未开花的竹子。另外，有些竹子开花后不会完全枯死，大熊猫也是可以吃的。

大熊猫吃竹子会不会扎到口腔?

在几百万年的进化史中，大熊猫逐渐把竹子从"辅食"变为"主食"，吃竹子对大熊猫来说，是最有经验的。由于吃竹子，大熊猫的牙齿演变得十分宽大，更加适合磨碎竹子中的纤维；而长期的咀嚼使得大熊猫的口腔肌肉得到锻炼，变得更加发达。

更重要的是，大熊猫吃竹子的方式，是根据竹子部位的不同而有所不同的，不是竹子所有的部位大熊猫都会吃。

吃竹叶、竹子秆主要是咬切式。吃竹叶的时候，大熊猫会用嘴将同一竹子秆上的竹叶取下，经过简单的咀嚼后直接吞咽。而对于竹子秆，大熊猫一般不会选择粗壮的竹子秆，通常会选择细小一些的，用犬齿将其咬成一小段一小段的，经臼齿简单咀嚼后直接吞下。

竹笋比其他竹类更鲜嫩可口，营养价值也更高。大熊猫吃竹笋时，一般先用犬齿剥皮，再用两侧的臼齿咬碎、咀嚼。

坚硬的竹子会不会刺伤
大熊猫的胃肠?

大熊猫的消化道肌层厚,并且消化道中还有丰富的多细胞和单细胞黏液腺,这些黏液腺分泌的黏液能够很好地保护消化道,所以正常情况下,坚硬的竹子不会刺伤大熊猫的胃和肠道。

成年大熊猫每天能吃多少竹子?

一只成年大熊猫一天会吃 20~30 千克竹子,甚至更多。大熊猫对竹子的消化吸收有限,所以只能大量吃竹子,才能维持其体能消耗。

除了竹类，大熊猫还吃什么？
什么情况下会吃这些东西？

竹子开花造成竹子匮缺时，以及漫长的冬季食
物较少时，大熊猫只能吃一些凋零的枯枝残
叶，饥饿也会迫使它们走下山捡食一些动物的
尸体，或者到耕作区吃玉米秆、南瓜、四季豆
等，甚至会走进农户家寻找食物。另外，老年
大熊猫牙齿磨损严重，不能采食竹子秆时，也
会食用其他植物的根、茎、叶等。大熊猫身体
不舒服时，需要调整饮食，调理肠胃或肌体。

大熊猫只吃素，怎么还不瘦呢？

人们印象里的大熊猫大都是圆滚滚、胖嘟嘟的，通常就觉得它们很胖。科学研究发现，大熊猫的皮下脂肪并不算多，而人们会觉得它们胖，主要是因为大熊猫骨架大、肌肉多。大熊猫每天的进食时间特别长，食量也很大，运动量却不算多，经常呈现出比较慵懒的状态，看起来确实符合长胖的条件。可是，大熊猫常吃的竹子、竹笋，热量是非常低的，而且，大熊猫曾是天生的食肉动物，它们的肠道短，并不适合消化竹子、竹笋，竹子、竹笋在其肠胃中停留的时间短，转化率就很低。所以，就算大熊猫每天吃再多的竹子，都没有太多能量可以转化为脂肪。另外，大熊猫显胖的原因还有一个：身体粗壮，对比之下就显得四肢比较短小。

大熊猫的竞食动物有哪些?

大熊猫的竞食动物主要有小熊猫、中华竹鼠、黑熊、野猪、猪獾、豪猪、羚牛、鬣羚等。

大熊猫"赶笋"是什么意思?

大熊猫特别喜欢吃鲜嫩可口且营养丰富的竹笋。春季，野生大熊猫会从低海拔地区向高海拔地区迁移，去采食高海拔地区的竹笋，这种现象叫"赶笋"。

2023 年 5 月 1 日　曾祥录 / 摄